U0155410

哈哈哈！有趣的动物（第二辑）

红蝾

〔法〕蒂埃里·德迪厄 著

大南南 译

湖南教育出版社

·长沙·

慢点，不要着急，
因为这条路上到处都是红蜻。

红蝽是欧洲分布最广泛的臭虫。

腿

触须

红蝽是一种昆虫，有 6 条腿。
它的骨骼裸露在外面，像贝壳一样。

红蝽是群居动物。

红蝽甲壳的颜色和图案
会吓退靠近它的动物。

红蜻不会飞。

红蜻在地洞里产卵。

红蝽吃种子，
也吃昆虫的卵和尸体。

红蝽不同于其他臭虫，闻起来不臭。

红蝽对作物没有危害。

太好了！
太好了！
我是红蜻部落之王！

如何带着一岁的孩子读
《哈哈哈！
有趣的动物》

一岁的孩子就能读科普书？

没错，因为这是永田达爷爷特别为低龄小朋友准备的启蒙科普书。家长们会发现，这本书的文字量很少，画面传递的信息非常精简，但是非常有趣，特别适合爸爸妈妈跟孩子进行亲子阅读。

赶紧和孩子一起翻开这本《红蝽》，跟着永田达爷爷一起来观察红蝽吧！

红蝽无论对家长还是孩子，可能都有点陌生，不过它可是欧洲分布最广泛的臭虫。红蝽是甲虫的一种，在翻开本书之前，爸爸妈妈可以找一找不同种类甲虫的图片，让孩子看一看。打开书，请孩子数一数红蝽有几条腿、几根触须，想一想它身上的图案像什么，是不是有点让人害怕？读到这里的时候，可以翻到最后一页，给孩子看看永田达爷爷拿着的盾牌，告诉孩子，红蝽的甲壳就像是这个盾牌，可以用来吓退敌人，保护自己。神奇的是，红蝽虽然是一种臭虫，但是它闻起来并不臭，它也不吃作物，所以不是害虫。

图书在版编目（CIP）数据

哈哈哈！有趣的动物. 第二辑. 红蝽 /（法）蒂埃里·德迪厄著；大南
南译. 一长沙：湖南教育出版社，2022.11
ISBN 978-7-5539-9285-3

Ⅰ.①哈… Ⅱ.①蒂… ②大… Ⅲ.①红蝽科 – 儿童读物 Ⅳ.①Q95-49

中国版本图书馆CIP数据核字（2022）第190694号

First published in France under the title:
Le Pyrrhocore
Tatsu Nagata
© Éditions du Seuil, 2015
著作权合同登记号：18-2022-214

HAHAHA! YOUQU DE DONGWU DI-ER JI HONGCHUN

哈哈哈！有趣的动物 第二辑　红蝽

责任编辑：姚晶晶　陈慧娜　李静茹
责任校对：王怀玉
封面设计：熊　婷
出版发行：湖南教育出版社（长沙市韶山北路443号）
电子邮箱：hnjycbs@sina.com
客服电话：0731-85486979
经　　销：湖南省新华书店
印　　刷：长沙新湘诚印刷有限公司
开　　本：787 mm×1092 mm　1/16
印　　张：1.75
字　　数：10千字
版　　次：2022年11月第1版
印　　次：2022年11月第1次印刷
书　　号：ISBN978-7-5539-9285-3
定　　价：152.00 元（全8册）